CATALOGUE ET PRIX-COURANT

DES

ARTICLES DE TÉLÉGRAPHIE

Fils, Câbles, Piles et Appareils Électriques

DE LA MANUFACTURE DE

BILORET

Succʳ de PRUD'HOMME Neveu

57, Rue du Faubourg-Saint-Denis, 57

—— PARIS ——

Fournisseur de l'Administration des Lignes Télégraphiques Françaises et
Étrangères des Chemins de fer, etc., etc.

PRIX : 1 franc.

...erie GOLDSCHMIDT, Passage du Caire, 37

—— 1864 ——

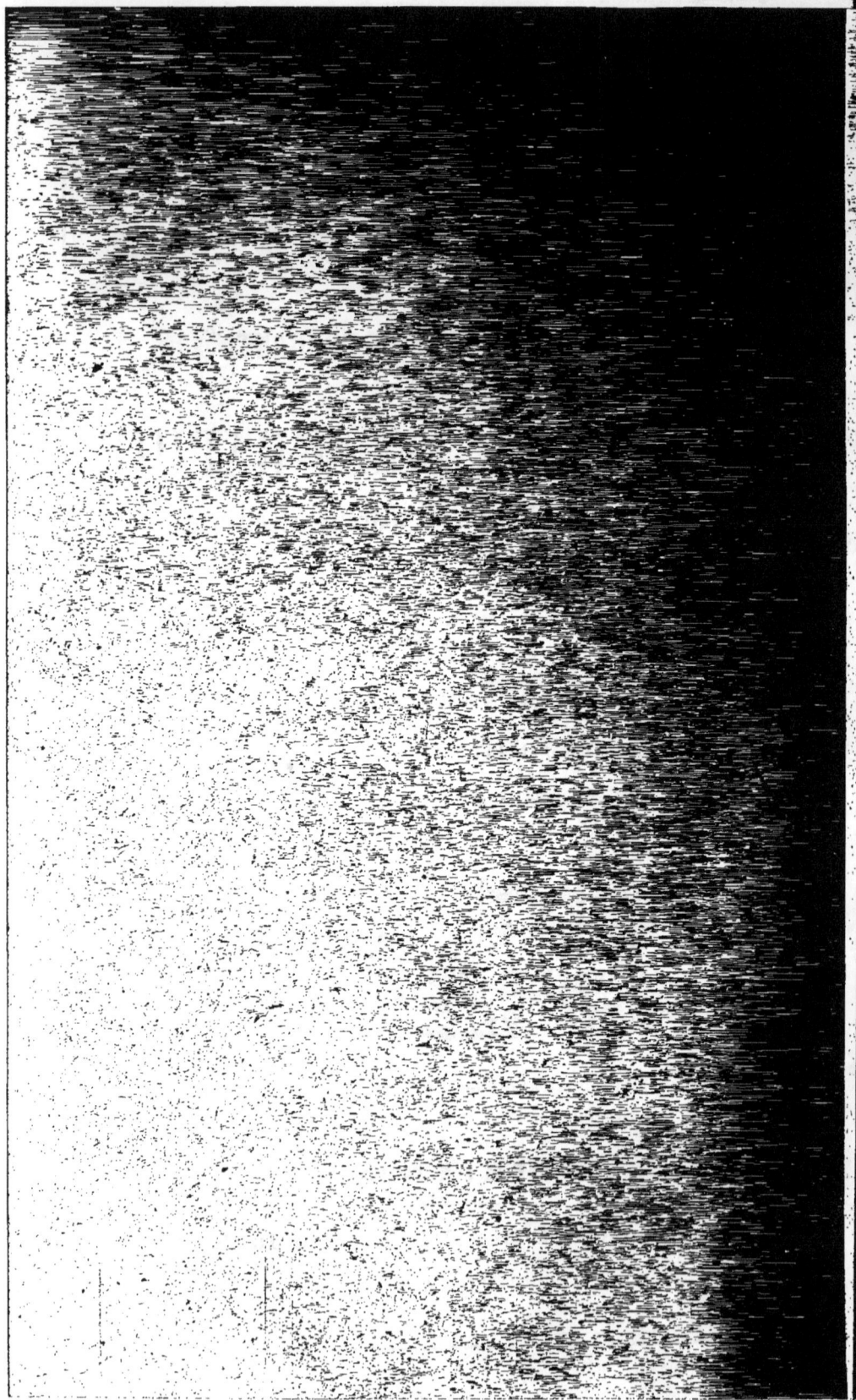

CATALOGUE ET PRIX-COURANT

DES

ARTICLES DE TÉLÉGRAPHIE

Fils, Câbles, Piles et Appareils Électriques

DE LA MANUFACTURE DE

BILORET

Succr de PRUD'HOMME Neveu

57, Rue du Faubourg-Saint-Denis, 57

PARIS

Fournisseur de l'Administration des Lignes Télégraphiques Françaises et
Étrangères des Chemins de fer, etc. etc.

PRIX : 1 franc

Imprimerie GOLDSCHMIDT, Passage du Caire, 37

1864

AVERTISSEMENT

Ce Prix-Courant annule les précédents, une table des matières, placée à la fin, facilitera les recherches.

Tous les articles non portés au présent catalogue seront facturés au plus bas prix.

Les frais d'emballage et de transport sont toujours à la charge du commettant.

Apportant tous les soins possibles à l'emballage des marchandises, je ne puis accepter la responsabilité des avaries ou des pertes.

Toute personne m'adressant une demande pour la première fois, devra accompagner sa demande de références sur les maisons de Paris avec lesquelles elle est en rapport d'affaires, faute de quoi, la marchandise sera expédiée contre remboursement.

———◇———

PREMIÈRE PARTIE

FILS ÉLECTRIQUES

couverts Soie, Coton, Caoutchouc et Gutta-Percha,
Câbles sous-marins et souterrains, Piles,
Matériel pour la Télégraphie Électrique, Accessoires
pour la Construction d'Appareils.

PARATONNERRES, TUBES ACOUSTIQUES

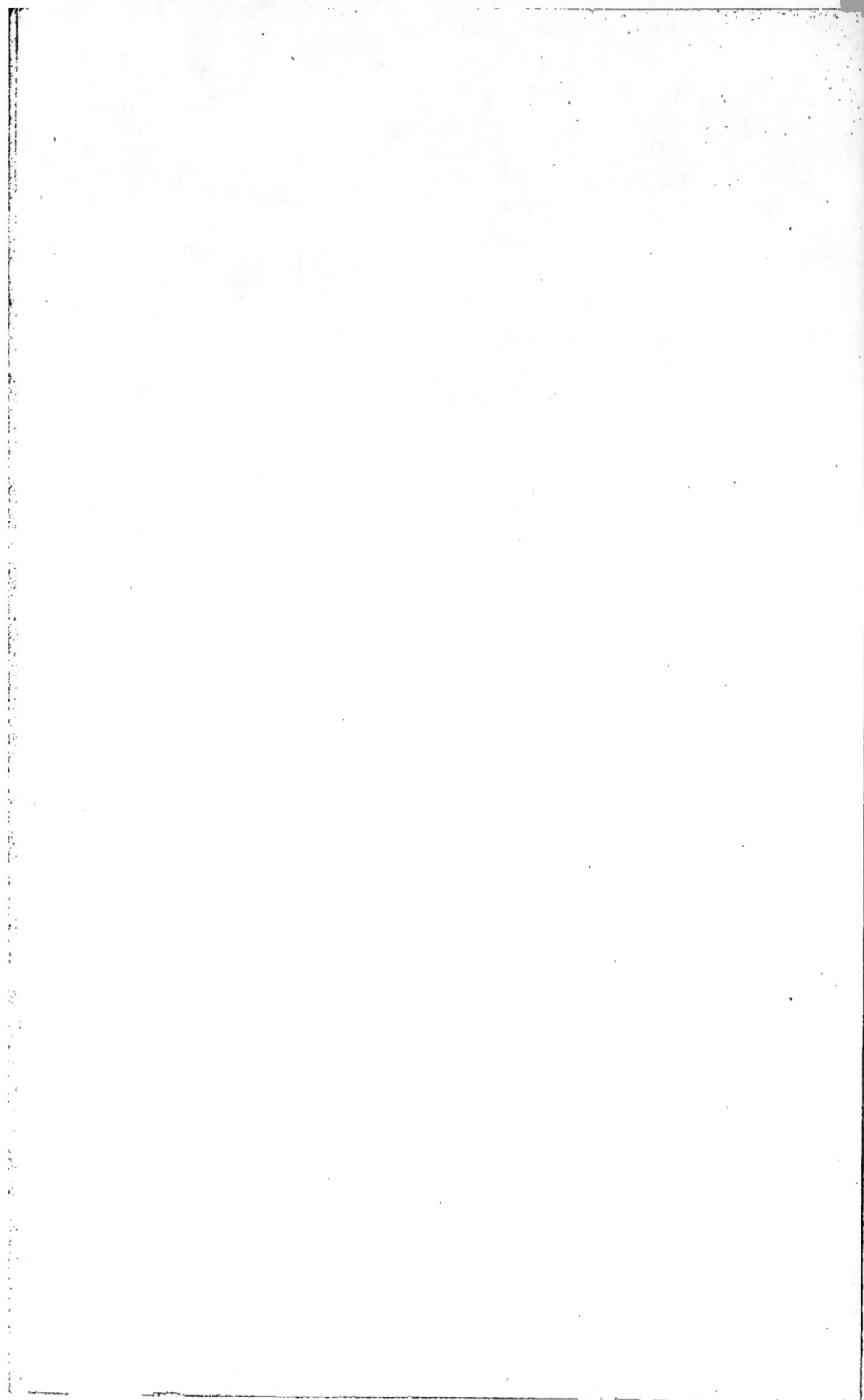

N.° 1. Acoustique

DIAMÈTRE EXTÉRIEUR DES TUBES

14	16	18	20	22	24	28	32	36	millim.
Prix : 1.75	2. »	2.25	2.50	3.25	4. »	4.75	5.50	6.50	le mèt.

Embouchures avec sifflets

Acajou ou palissandre, chaque...................... 1.50

N° 2 Bornes cuivre pour Appareils

N°s	1	2	3	4	
Prix	20	30	40	50	francs, le cent.

fig. 2

N° 3. Bobines buis pour Électro-Aimants

N°s	1	2	3	4	5	
Prix :	15	20	30	40	50	fr., le cent.

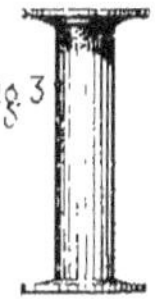

fig. 3

N.° 4. Câbles électriques pour Télégraphie souterraine

Fils de cuivre de 1 millim. ou n° 5, recouverts de gutta-percha, d'une enveloppe de chanvre et d'un ruban goudronné.

A un fil conducteur, le kilomètre........................... 600. »

A deux fils conducteurs, le kilomètre...................... 900. »

En plus par chaque conducteur, le kilomètre............... 300. »

N° 3. Câbles sous-marins avec armature en fer

3 fils conducteurs, le kilomètre............................ 3000. »

4   —   —   .... 3500. »

6   —   —   .... 4700. »

8   —   —   .... 8000. »

Nº 6. **Fils de fer galvanisés** pour lignes aériennes

par grandes pièces en fer au bois de première qualité

Diamètre 3 millim., les 100 kil.. 85. »

Diamètre 4 millim., — .... 80. »

Nº 7. **Fils de cuivre** non recouverts

Du nº 1 au nº 20 (jauge décimale), le kil..................... 4. »

Les prix de cet article et des fils de fer galvanisés ne peuvent être qu'approximatif pouvant varier suivant le cours des métaux.

Nº 8. **Fils de cuivre** recouverts de caoutchouc ou de gutta-percha

Nº à la jauge décimale	1	2	3 à 5	6 à 9	10 à 15	15 à 20
Gutta-percha une gaîne ou une couche caoutchouc.	13. »	11. »	10. »	9.50	9. »	8.50
Gutta-percha deux gaînes ou deux couches caoutchouc.	17.50	14.50	13.50	13. »	12.50	12. »
Gutta-percha trois gaînes ou trois couches caoutchouc.	20. »	18. »	17. »	16.50	14. »	13.50

Nº 9. **Fils de Gutta-percha ou de caoutchouc**

Du nº 2 au nº 6, recouverts de coton suivant la nuance des appartements, pour sonnneries électriques.

En plus par kil... 1.50

Nº 10. **Fils de cuivre** recouverts de coton

Goudronnés et recouverts d'une seconde enveloppe de coton suivant la nuance des appartements, pour sonneries électriques.

Le kil.. 8. »

N° 11. **Fils de cuivre** recouverts de soie ou de coton
pour construction d'Électro-Aimants
avec tableau comparatif de leur longueur, leur poids et leur diamètre par numéros.

Nombre de mètres par kilog.	Diamètre en dixièm. de millimètres.	N° à la Jauge Carcasse	PRIX PAR KILOG., couverts en	
			coton	soie
630	4 3/4	12	7.25	14. »
740	4 1/2	14	7.25	15. »
850	4	16	7.50	16. »
1.080	3 1/2	18	8. »	17. »
1.280	3	20	9. »	18. »
1.630	2 3/4	24	10. »	22. »
2.410	2 1/2	26	12. »	26. »
3.200	2	28	14. »	33. »
5.200	1 3/4	30	16. »	36. »
6.400	1 1/2	32	18. »	42. »

N° 12 **Fils de cuivre** recouverts de soie ou de coton
pour construction d'Électro-Aimants
avec tableau comparatif de leur longueur, avec leur poids, leur diamètre par numéros.

Nombre de mètres par kilog.	Diamètre en dixièm. de millimètres.	N° à la Jauge Décimale	PRIX PAR KILOG., couverts en	
			coton	soie
670	5	P	7.25	13.75
420	6	1	6.50	13.50
334	7	2	6.50	13.50
212	8	3	6.50	13.50
182	9	4	6.50	13.50
165	10	5	6.50	13.50
140	11	6	6. »	13. »
100	12	7	6. »	13. »
84	13	8	6. »	13. »
77	14	9	6. »	13. »
70	15	10	6. »	13. »
65	16	11	5.75	12.75
50	18	12	5.75	12.75
40	20	13	5.75	12.75
35	22	14	5.75	12.75
30	24	15	5.50	12.50
25	27	16	5.50	12.50
20	30	17	5.50	12.50
15	34	18	5.50	12.50
9	44	20	5.50	12.50

N. B. Tous les cuivres employés pour la fabrication des fils sont garantis de premier choix, il faut donc toujours se méfier du bon marché qui ne peut être qu'au dépend de la qualité.
Les longueurs étant données sur les fils nus, se trouvent moins grandes une fois couverts. Beaucoup de personnes n'étant pas identifiées avec les numéros des fils on enverra une carte d'échantillons à toute personne qui en en faisant la demande france, enverra un timbre-poste de 10 centimes pour l'affranchissement des échantillons·

N.º 13. **Fils conducteurs souples** pour poignées
d'Appareils Électro-Médicaux.

Par longueur indéterminée, tressés et recouverts de coton, les 100 mèt.   30. »

—   —   —   —   de soie,   —   60. »

Sur lamé, or faux, couverts coton, la pièce de 34 mèt...........   4. »

—   —   —   soie,   —   .... 6. »

Poignées couvertes soie, de 1 mèt 20, le 100 de paires........... 60. »

Fils conducteurs dissimulés dans une passementerie, pour expériences de
Physique amusante, le mèt............................. 1.25

N.º 14. **Fils d'argent vierge**, le gramme .... ». 35

, 15. **Fils de Platine**,......   — 1. 50

N.º 16. **Gutta-Percha**

En feuilles, pour faire les raccords aux jonctions des fils, le mèt...   1. »

Isolateurs os, Fer émaillé, et Porcelaine

N° 17. **Os** assortis de formes et de couleurs, le cent.......... 3.50 Fig 4

, 18. **Fer émaillés**, à vis ou à pointes, petit mod., le cent. 6. »
— — — grand modèle. 10. »
Ces deux sortes s'emploient pour la pose des sonneries électriques.

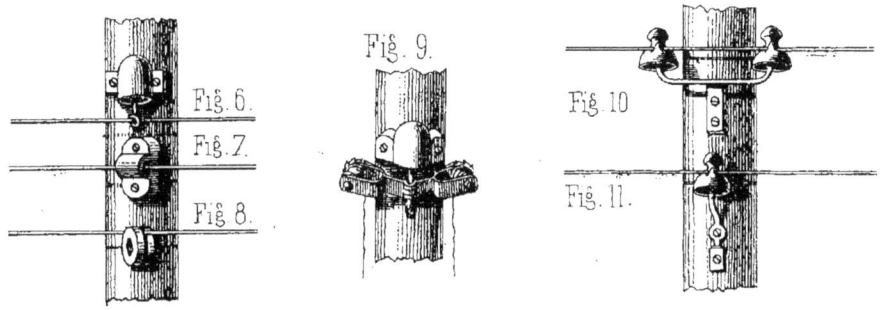

Fig. 9.

Fig. 6.

Fig. 7.

Fig. 8.

Fig. 10

Fig. 11.

N°19 Poulies simples, le cent........(fig. 8.) .... 30. »

, 20 Poulies doubles.. 40. »

, 21 Anneaux d'angles........... (fig. 7.)................... 40. »

, 22 Cloches petit modèle.........(fig. 6.)................... 50. »

, 23 Cloches à tendeur à chape.............................. 600. »

, 24. Cloches à tendeur à charnière.. (fig. 9.) .... 700. »

, 25. Consoles simples............ (fig. 11.)................ 200. »

, 26. Consoles doubles........... (fig. 10.) .... 400. »

Poteaux injectés de sulfate de cuivre
pour la pose des lignes télégraphiques

, 27. La pièce... 10. »

PILES

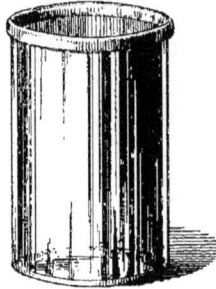
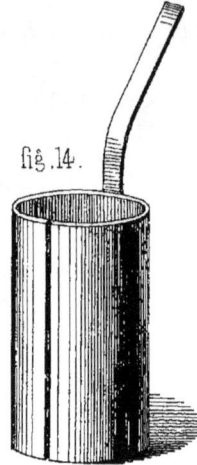
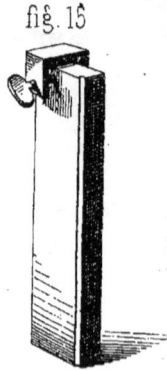

fig.12   fig.13   fig.14   fig.15

Hauteur des piles	7	8	10	12	14	16	18	20	25	30	40	%/m
N° 28 (fig.12) Vases poreux..	15	15	20	25	30	35	50	60	100	225	325	fr. le %
» 29 (fig.13) Conserves verre ou grès...	15	20	25	35	50	60	80	100	175	300	500	
» 30 (fig.14) Zinc amalgamé avec queues..	50	60	75	100	125	150	175	200	300	400	600	
» 31 (fig.15) Charbons......	30	35	45	60	70	80	100	125	175	250	350	

N° 32. **Zincs tournés** sans queues et sans être amalgamés, les 100 kil. **85.** »

(Ce prix ne peut être qu'approximatif, variant suivant le cours des métaux).

» 33. (fig.16)   **Ballons en verre** à col court pour piles DANIELL

pouvant contenir................. 250   500   750   de sulfate cuivre.

                      30   40   50   fr., le cent.

Les zincs de 7 à 12 %/m sont en 3 %/m d'épaisseur.

Les zincs de 16 à 20 %/m sont en 4 %/m d'épaisseur.

Les zincs de 25 à 40 %/m sont en 5 %/m d'épaisseur.

fig.16.

Nº 34. (fig. 17)   **Piles de Bunsen** toutes montées

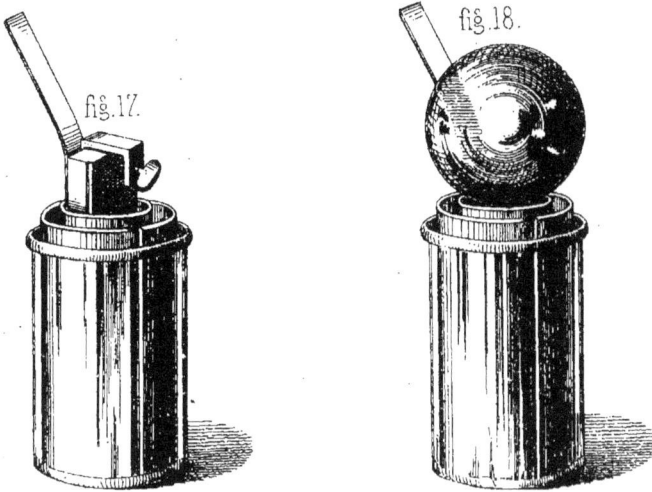

fig. 17.   fig. 18.

composées de une conserve, un zinc avec queue amalgamée, un vase poreux,
un charbon et sa pince.

Hauteur......	7	8	10	12	14	16	18	20	25	30	40	$\%_m$
Chaq. élément.	1.40	1.60	2.10	2.65	3.10	3.70	5.25	6.»	8.»	12.»	18.»	f.

Nº 35. (fig. 18)   **Piles de Daniell** toutes montées

composées de une conserve, un zinc avec grille ou un ballon, un vase poreux.

Hauteur...............	12	14	16	$\%_m$
Chaque élément........	1.90	2.45	2.95	

Nº 36 **Piles** de Volta de 30 couples, zinc et cuivre, montées sur colonnes en cristal.   30. »

, 37   —   de Wollaston pour brûler les métaux ....   10. »

, 38   —   de Smée à lame platinée..........................   10. »

, 39   —   de Grove à lame de platine.......................   6. »

, 40 Lames de cuivre pour piles, le kil............ ....   4. »

(Les piles se mesurent d'après la hauteur des vases poreux)

(Les charbons dépassent toujours le vase poreux de 1 à 3 %m suiv. la dimens. de la pile)

Pinces cuivre

	Nos	1	2	3	
 N° 41 pour charbons. (fig. 19)........		30	45	60	le cent.
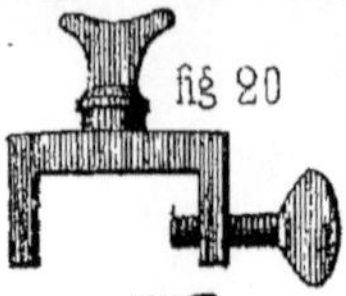 42 avec vis dessus.(fig. 20)........		50	65	80	—
 N° 43. pour zincs, vis dessus..(fig. 21)		60	80	110	le cent.
 , 44.pour zincs. (fig. 22)		25	40	»	

fig. 19 / fig. 20 / fig. 21 / fig. 22

fig. 23  fig. 24 , 45 Presses à piles et Serre-Fils, le cent........ 35. »

Produits chimiques

N° 46 Sulfate de cuivre........................ le kilo. 1.20

, 47 Sulfate de plomb........................ — 1. »

, 48 Bi-Sulfate de mercure................... — 10. »

, 49 Bi-Chromate de Potasse................. — 14. »

, 50 Mercure pour amalgame................. — 8. »

, 51 Turbith minéral......................... — 10. »

, 52 Acide azotique (nitrique).............. — 1.50

, 53 — sulfurique........................ — ».50

PARATONNERRES

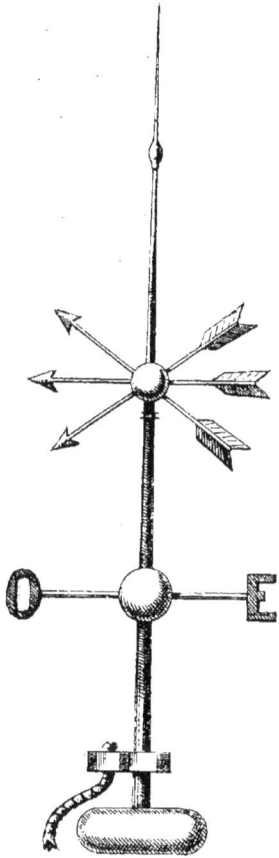

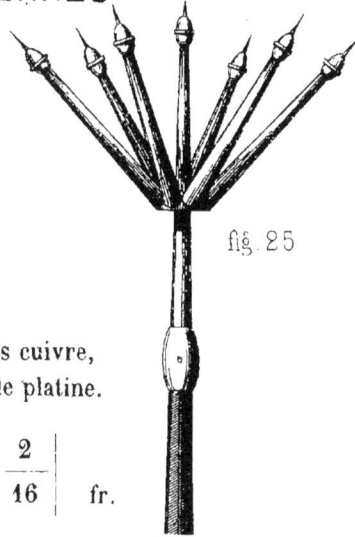

fig. 25

N° 54   Pointes cuivre,
bout de platine.

N^{os}	1	2
	14	16

fr.

Les mêmes avec bout de fer tourné, prêts à
souder sur la tige, en plus par pointes 2. »

55. **Paratonnerres à 7 pointes** (fig. 25)
avec bout de fer tourné, la pièce.. 80. »

56. Tiges en fer forgé, le kil............ 1.25

57. Bagues en verre pour isoler les cordes chaque....................... 1. »

58 Supports en fer forgé, à scellements, pour tenir les bagues...... 2. »

59 Assises en cristal pour mettre au pied de la tige............... 10. »

60 **Girouettes** roulant sur galets et points cardinaux, avec boules, flèches
et lettres dorées, le tout............................ 80. »

N° 61 . **Cordes conductrices** 15^m⁄ₘ de diamètre

En fer galvanisé............................le kil. 2.25

En laiton............................ — 3.25

En cuivre rouge............................ — 4.50

62 Colliers en fer forgé, pour les cordes, ajustés sur la tige......... 6. »

Nota. — Le mètre de cordé pèse environ 750 grammes.

2me PARTIE

ÉLECTRO-MAGNÉTISME

Appareils divers

Nº 63. **Aimants artificiels**

avec armatures en fer doux, la douz., depuis........ 2.50

Nº 64. **Barreaux aimantés** avec leurs contacts

Boîtes de deux barreaux.................	30	40	% de longueur
pour la Marine...................	30	40	fr.

Fig. 26.

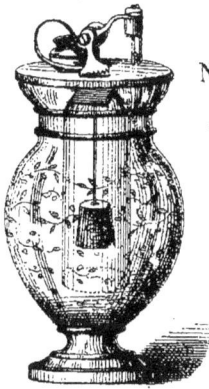

Briquets à gaz

Nº 65. Droits unis.................la pièce. 9. »

„ 66. Droits gravés................ — 12. »

„ 67. Droits de couleurs........... — 12. »

„ 68. Étrusque unis............... — 14. »

„ 69. Étrusque dorés (fig. 26)....... — 18. »

„ 70. Étrusque filets de couleurs...... — 22. »

„ 71. Éponges ou mousse de platine... — 1.60

„ 72. Boules de zinc............... — ».25

Bobines d'induction

Fig. 27.

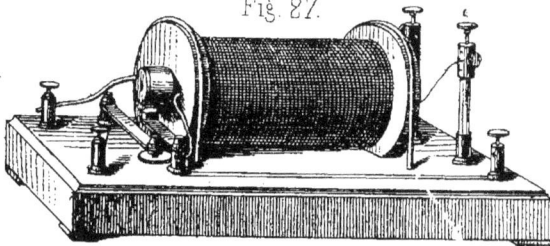

pour l'inflammation des gaz, Poudres, Alcools, etc. Cet Appareil sert également à transformer l'électricité dynamique en électricité statique.

Nº 73 (fig. 27.) Bobines avec condensateur intérieur de 60 à 150. »

„ 74. Bobines avec condensateur et commutateur de..... 200 à 500. »

N° 75. **Fusées de Stateham** en gutta-percha

Pour l'inflammation de la poudre au sein des Mines, Carrières et Travaux souterrains, le cent... 50. »

Ces fusées sont allumées à toutes distances au moyen de la Bobine d'induction.

fig. 28.

N° 76. **Tubes de Geissler**   (fig. 28.)

Contenant des vapeurs ou des gaz différents, et donnant au moyen de la bobine d'indûction des jets lumineux, et diversements colorés et stratifiés.

La série de sept petits tubes variés de couleurs et de formes... 30. »

Tubes seuls depuis 4 fr. jusqu'à................. 50. »

ÉLECTRO-AIMANTS
en fer à cheval avec leurs contacts

N°s	1	2	3	4	5
N° 17. Garnis de fil coton........	2	3	4	5	6
. 18. Garnis de fil soie.........	3	4	5	7	10
Les mêmes montés sur planchette, garnis en fil de					
. 19. soie (fig. 29.)........	5	7	9	12	15

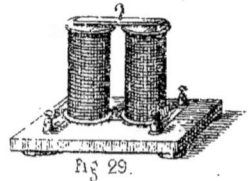

Fig 29.

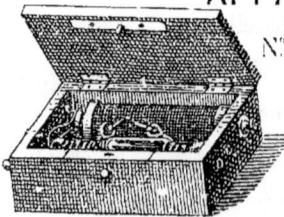

F.g 30.

APPAREILS ÉLECTRO-MÉDICAUX

N° 80. **Petit modèle, fil de soie, Boîte acajou**

La pièce.. 12. »

Cet Appareil peut fonctionner soit avec les piles BUNZEN ou DANIELL, mais de préférence avec les piles de poche au Bi-Sulfate représentées (fig. 30) et page 17

Porté sur le précédent Tarif au N° 24.

Pour le graduer il suffit de tirer plus ou moins le tube de cuivre qui est à l'intérieur de la bobine.

— 15. —

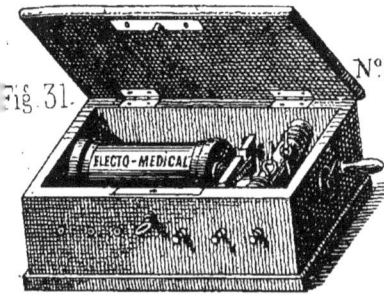
Fig. 31.

Porté au précédent Tarif au N° 25.

N° 81 **Boîte acajou**, nouveau système

La pièce...................... 25. »

Cet Appareil fonctionne avec les mêmes piles que le précédent, et est muni d'une roue dentée servant à donner des commotions, il se gradue comme le précédent.

Porté au précédent Tarif au N° 26.

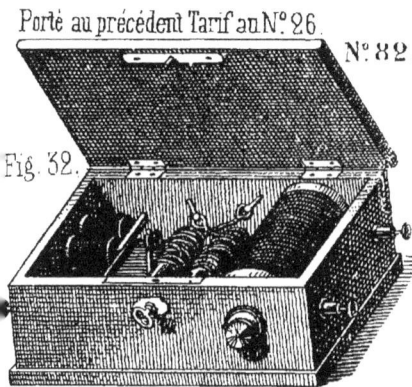
Fig. 32.

N° 82. **Boîte palissandre**, filets dorés

La pièce................ 25. »

Cet Appareil est d'une grande force, il fonctionne soit avec un élément de Bunsen, soit avec une pile de poche au bi-chromate de potasse.

N. B. Quand on voudra faire fonctionner cet Appareil, on devra d'abord retirer entièrement le tube placé au centre de la bobine, et introduire dans la bobine un clou chaque fois que l'on voudra augmenter la puissance.

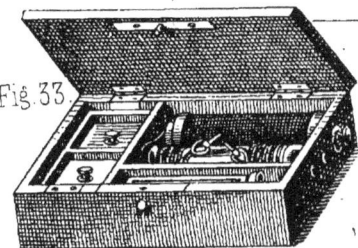
Fig. 33.

Porté au précédent Tarif au N° 27.

N° 83. **Boîte acajou, petit modèle à pile intérieure**.

La pièce..................... 20. »

Cet Appareil jouit du double avantage de contenir sa pile et de tenir fort peu de place (15% longueur, 9% largeur, 4% épaisseur); pour mettre la pile en fonction il suffit de retirer le zinc, de mettre sur le charbon un peu de bisulfate de mercure contenu dans le flacon, et quelques gouttes d'eau ; remettre le zinc, et la pile et l'appareil sont en fonction.

N. B. — Après s'en être servi, avoir soin de laver la pile à grande eau.

fig. 34.

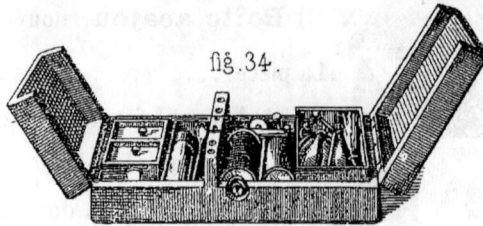

N.° 84   Appareils trousse
donnant les extra-courants et les courants induits.

La pièce... 30. »

Cet Appareil à peu près de la forme et du volume d'une trousse de méde-
cin est d'une grande puissance, il peut se modérer facilement, la pile se
charge comme le précédent au moyen du bi-sulfate de mercure et d'eau,
et ne dégage pas d'odeur ; cet appareil contient tous les accessoires néces-
saires à l'Electrothérapie

N. B. Après s'en être servi avoir soin de laver la pile à grande eau.

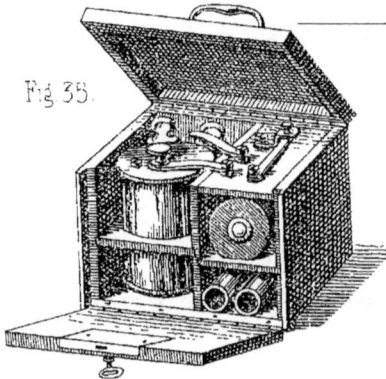

Fig 35.

Porte au précédent Tarif au N.° 29

N.° 85
Boîte acajou 10%m carrés, avec
pile intérieure

La pièce.................... 35. »

Cet Appareil est muni d'une pile fonc-
tionnant au bi-chromate de potasse. Pour
mettre cette pile en fonction, il suffit de
verser dans le vase de verre de l'eau pure
au 3/4, y ajouter quelques gouttes d'acide sulfurique, et une petite quan-
tité de bi-chromate de potasse, remettre le couvercle du verre et avoir soin
de poser sur chaque vis du couvercle les deux contacts mobiles placés
auprès du trembleur, les deux flacons de verre sont destinés à contenir,
l'un de l'acide sulfurique, l'autre du bi-chromate de potasse pulvérisé, afin
qu'il puisse se dissoudre instantanément.

APPAREILS MAGNÉTO-ÉLECTRIQUES
fonctionnant sans piles

fig.36.

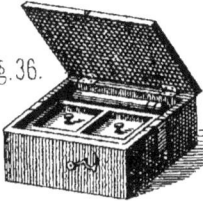

N° 86. Piles de poche
pouvant faire fonctionner les Appareils n°s 30.31 et 32
au bi-sulfate de mercure

Avec son flacon de bi-sulfate, la pièce....   5. »

Cette pile se charge ainsi qu'il est expliqué pour l'Appareil n° 82. (fig. 33)

fig. 37.

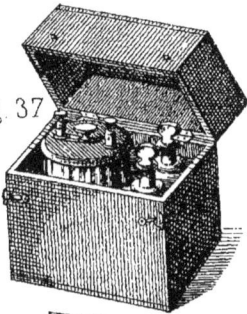

N° 87 Pile au Bi-chromate de potasse
. La pièce............................   6. »

Cette pile se charge ainsi qu'il est expliqué pour
l'Appareil n° 85 (fig. 35)

fig. 38.

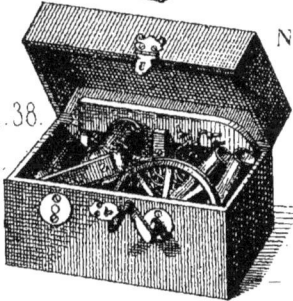

N° 88   Petit modèle, Boîte noyer
La pièce.................... 25. »

Pour faire fonctionner cet Appareil il
suffira de tourner la manivelle placée sur
le devant de l'appareil.

fig. 39.

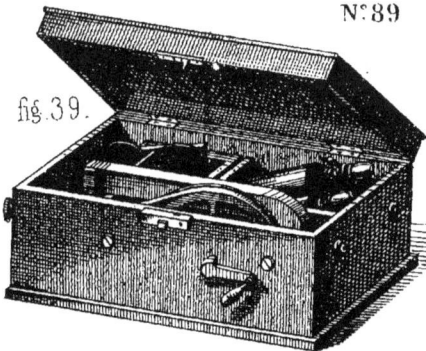

N° 89   Grand modèle, Boîte acajou
La pièce................ 50. »

Cet Appareil est muni de tous les
accessoires employés dans la l'Electrothérapie, il fonctionne comme le précédent, sans pile et avec une manivelle, on
gradue sa force en rapprochant ou en
éloignant au moyen du bouton placé
à gauche de l'appareil, l'armature mobile...

N° 90. **Machines de Clarke,** montées sur planche acajou

Tout le système à découvert, la pièce...................... 150. »

ÉLECTRO-MOTEURS

Fig. 40.

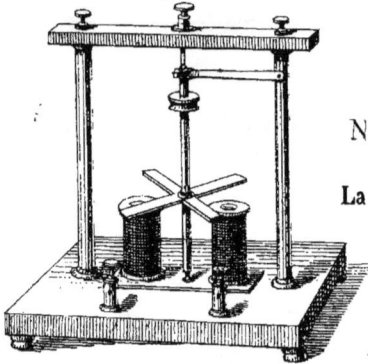

N° 91.   à **Tourniquet**

La pièce..................... 25. »

N° 92. **Nouveau système**

Monté à colonne, la pièce........... 30. »

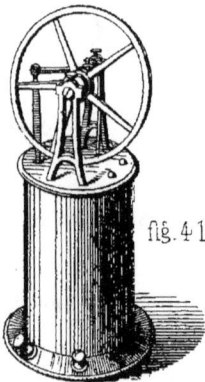

fig. 41

Fig. 42.

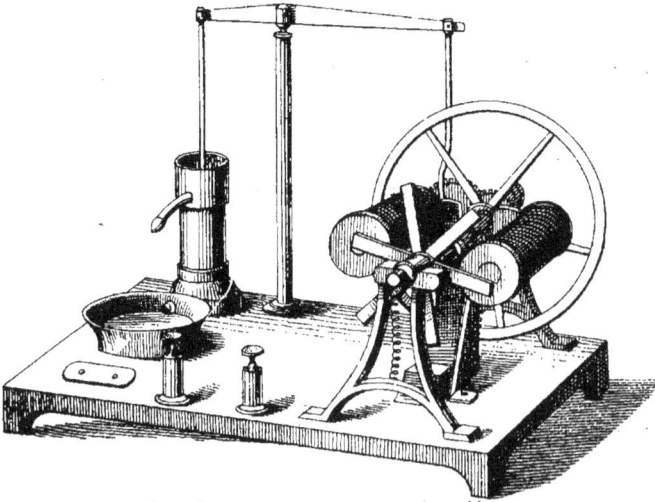

N° 93   Faisant fonctionner une pompe, la pièce............ 70. »

Fig. 43.

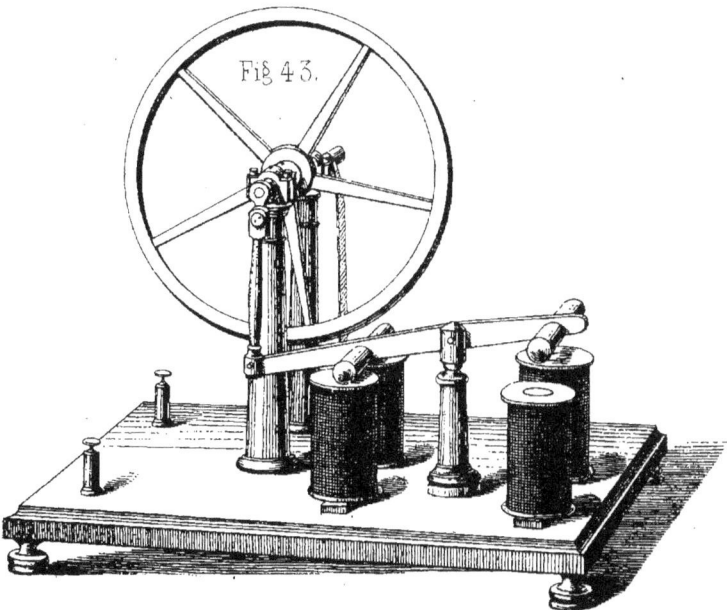

N° 94.   Grand modèle à volant....................... 120. »

LUMIÈRE ÉLECTRIQUE

Fig. 44.

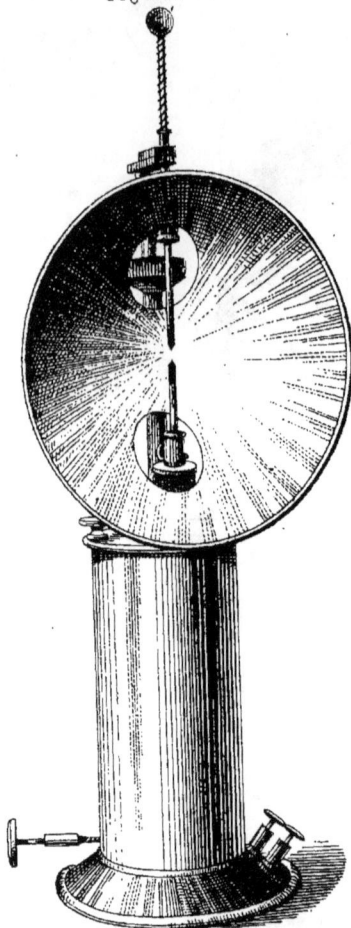

N° 95 **Œuf électrique**
Pour produire la lumière et prouver que
les charbons ne s'usent pas dans le vide.
30 francs.

Porte-charbons

N° 96   A crémaillère........ .. .. 30. »

. 97   **Régulateur photo-électrique**
Maintenant les charbons dans un écar-
tement convenable, quelque soit leur usure
et les changements dans l'intensité de la
pile........................:... 200. »

. 98   **Régulateur automatique**
Système SERRIN............... 400. »

Réflecteurs

. 99   Montés sur pied, et servant pour les
porte-charbons à crémaillère..... 30. »

. 100   Paraboliques et hyperboliques articulés
50 francs.

N° 101 Crayons de charbons entre lesquels se produit la lumière, le mèt. 3. »

N. B. — Pour obtenir de la lumière, on emploie depuis 20 jusqu'à
60 éléments de BUNSEN de 16 ou 18%, mais le plus ordinairement on se
sert de 40 ou 50 éléments.

MACHINES ÉLECTRIQUES
à plateau de verre

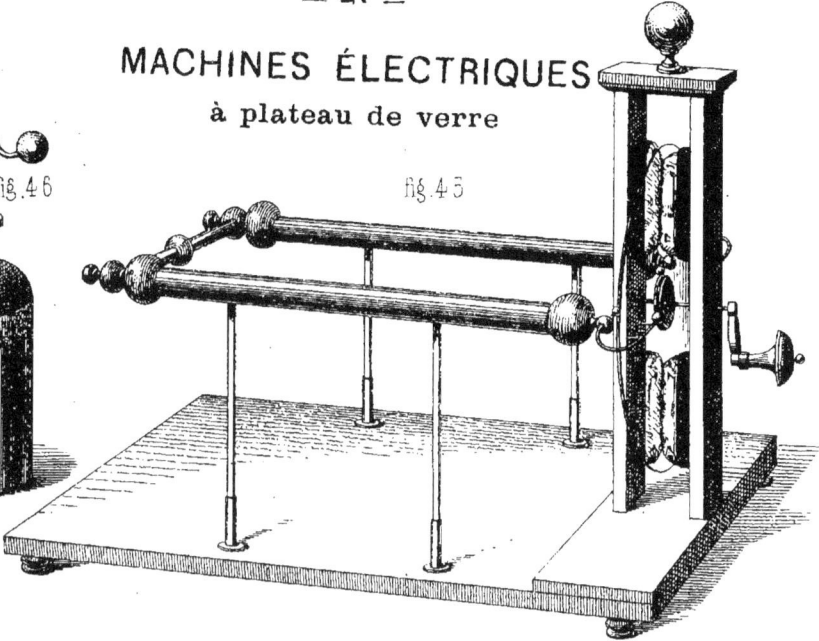

fig. 46

fig. 45

Montées sur planche bois imitation d'acajou

N° 102	A un conducteur, plateau de	25°/m	13 »
. 103	A deux conducteurs, plateau de	27°/m	23 »

Montées sur planche en noyer

. 104	A deux conducteurs, plateau de	27°/m	30 . »
. 105	A deux conducteurs, plateau de	33°/m	45 . »
. 106	A deux conducteurs, plateau de	40°/m	55 . »

Grand modèle sur table en noyer

. 107	A deux conducteurs, plateau en glace de	50°/m	150 . »
. 108	A deux conducteurs, plateau en glace de	65°/m	200 . »

Accessoires des Machines

. 109	Grelle à balle de sureau (fig. 48)	2 . »
. 110	Théâtre de pantins ordinaire	2 . »
. 111	Théâtre de pantins bien fait (fig. 49)	3 . 75
. 112	Pantins seuls en moëlle de sureau	» . 75
. 113	Tabouret isolant	2 »
. 114	Carillon . (fig. 47)	6 . »

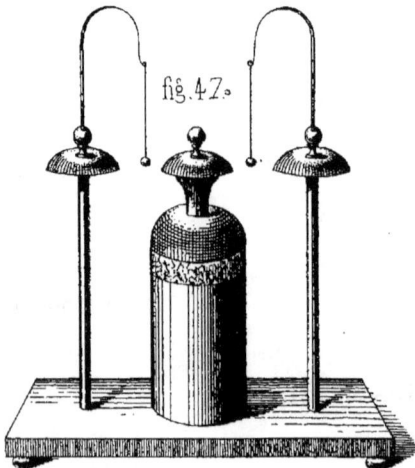

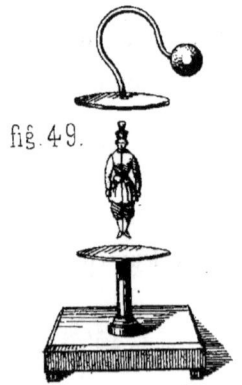

fig. 47.

fig. 48.

fig. 49.

3me PARTIE

SONNERIES ÉLECTRIQUES

APPLIQUÉES AUX USAGES DOMESTIQUES

pour Usines, Châteaux, Hôtels, Etablissements de Bains et

Maisons particulières

Avec Instruction sur la manière de les poser et plans de pose

---

SERRURES ÉLECTRIQUES

Fig. 50   Fig. 51   Fig. 52

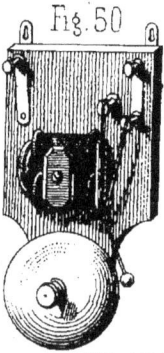

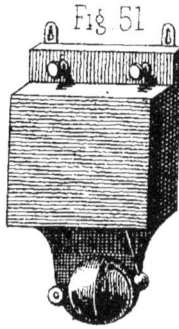

N°. 130   Sonneries trembleuses

Boite acajou, bobines soie, avec timbres, grelots ou clochettes

(fig 50.51.52) N°s	1	2	3	4	5	6	7	8	9	
Grandeur des timbres	6	7	8	9	10	12	15	20	25	%m
Prix :	7	8	9	12	15	20	30	40	50	f.

N° 131   Sonneries continues

Du n° 1 au n° 3, en plus par sonneries...................... 8. »

Du n° 4 au n° 7, en plus par sonneries .... 10. »

Les sonneries continues sont disposées de manière qu'elles continuent de marcher lors même qu'on a plus le doigt sur le bouton ; on les arrête au moyen d'un autre bouton placé près de la sonnette, ou à la portée de la personne appelée ; la personne qui appelle est donc certaine qu'elle sera entendue, elles sont indispensables dans les hôtels et grands établissements.

N° 132   Sonneries à pied

N°s	1	2	3	
	12	15	18	fr.

fig. 53.

N°133. Sonneries à un coup

Timbres de......	15	20	25	c/m
	35	45	55	fr.

Ces sonneries servent ordinairement comme timbre d'annonce, elles s'emploient aussi comme répétiteur d'horloges, en établissant un contact dans une pendule on peut faire sonner l'heure à toute distance.

N. B. Un système de ce genre est organisé dans mes ateliers.

Fig 56   **Sonneries contenant leurs piles**

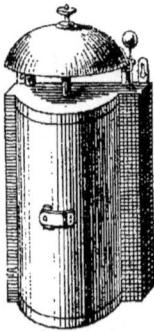

N°134. à un élément.. (fig.56) .... 18. »

. 135. à deux éléments...... .... 28. »

Fig. 57.   136   **Sonneries indicatrices**

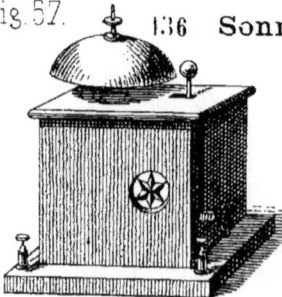

La pièce....................... 20. »

Ces sonneries, au moyen d'un disque qui retombe quand elles se mettent en mouvement, indiquent, dans le cas ou la personne appelée se serait absentée, qu'on l'a sonnée.

TABLEAUX INDICATEURS

N° 137.

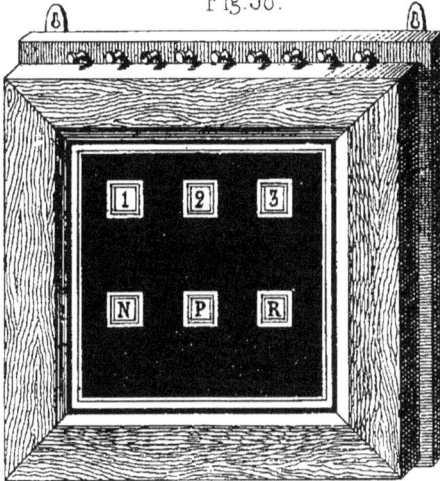

Fig. 58.

De 1 à 6 ouvertures,
chaque ouverture......... 10. »
de 7 à 10 .... 9. »
De 11 ouvertures,
et au-dessus............ 8. »

N. B. Sur demande du commettant, on inscrira son nom sur la glace du tableau, sans augmentation de prix.

N° 138   **Indicateurs de concierge**

Prévenant ce dernier si l'on reçoit, ou si l'on ne reçoit pas.

La pièce..... 15 francs

N° 139   **Tableau de démonstration**

composé de :

1 Tableau 2 n°ˢ, — 1 sonnerie n° 2, — 3 boutons transmetteurs assortis. — 1 pile de 2 éléments

Le tout monté sur tableau , avec les fils à découvert et de diverses couleurs, afin de bien faire comprendre la pose aux personnes qui n'en ont pas l'habitude.

Prix.. 50. ·

N.º 140   Boutons transmetteurs

Fig 59.

assortis de bois, tels que : acajou, palissandre, ébène, chêne, noyer, spa
porcelaine unie.

La pièce. (Fig. 59) .... 1.

N.º 141 Porcelaine filets dorés................................. 1.7

142 Porcelaine décorée riche, de.... .... 3 à 5.

143 Bouton d'ivoire. .... 5.

Inscription d'un nom et adresse sur un bouton porcelaine, en plus.   ».5

Fig. 60

Tirages pour cordons

N.º 144 Ordinaires Fig. 60) 1.6

145 Bien faits.... . ... 3.

Fig. 61.

Tirages de Porte-cochère

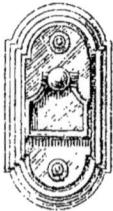

146 Cuivre doré, montés sur marbre, depuis. (fig. 61.) .... 15.

147 Poussoirs à cuvette cuivre de...

80	90	100	110
5	6	7	8

Fig 62

148 Pédales pour parquets, la pièce..... 10. »

Ce modèle entaillé dans le bois ne forme aucune saillie quan
on ne veut pas s'en servir.

Fig 63.

149 Interrupteurs. la pièce..................... 2.5

N° 150   Contacts de portes

Se plaçant dans les feuillures des portes, fenêtres, coffres-forts, armoires, etc., et faisant sonner lorsqu'on les ouvre ou qu'on les ferme

La pièce.... . . . . 1.50

Fig. 64.

N°151 Boutons à plusieurs touches

Chaque touche.... . . . . 2. »

Piles spéciales pour sonneries électriques

N° 152 Petit modéle, boite acajou. 5.50

153 Grand modèle, boite acajou. 6.50

(Chaque élément compris la boîte).

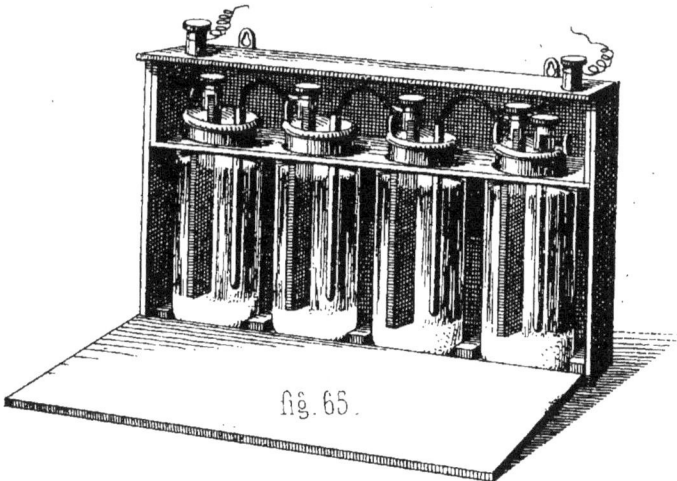

154 Petit modèle, boite bois noir. . . . . 4. »

154 Grand modèle, boite bois noir. . . . . . . 5. »

(Chaque élément compris la boîte).

fig. 65.

N. B. La pile est toute prête à fonctionner, sa durée peut varier de 8 mois à 1 an.

Pour les autres piles, voir aux page 6 & 7.

Pour les fils, voir à la page. 2.

Pour les isolateurs, voir à la page 5.

N° 156   # SERRURES ÉLECTRIQUES
avec gâches

Ces serrures, au simple toucher du doigt sur le bouton, s'ouvrent seules et à toute distance, elles remplacent avec avantage les cordons de portes-cochères, et offrent par leur emploi une économie de 50 %; elles se posent sans dégrader les murs, et supprime tous les mouvements.

N. B. — Lorsqu'on enverra la commande d'une serrure, avoir soin d'indiquer si la Porte s'ouvre à droite ou à gauche.

Les **Tubes acoustiques** sont un accessoire forcé des sonneries électriques, ils permettent de communiquer les ordres ou commandements à de grandes distances.

On en trouvera les prix, page .1.

Ce chapitre s'adressant principalement aux entrepreneurs de serrurerie qui ont souvent à poser des paratonnerres, trouveront tous les détails concernant cet article, page 9.

INSTRUCTION SUR LA POSE DES SONNERIES ÉLECTRIQUES

Toute installation de sonneries électriques comporte les organes suivants : une pile qui est la source d'électricité, des fils conducteurs destinés à répartir l'électricité dans les appareils, des transmetteurs qui peuvent être des boutons, des tirages pour cordons, des pédales de parquet, des coulisseaux de porte-cochère, des contacts de porte, etc., etc. ; et enfin des récepteurs qui sont ordinairement des sonneries ou des tableaux indicateurs. Maintenant que je viens d'énumérer tous ces organes, je vais m'étendre sur chacun d'eux.

Des piles électriques

L'on doit avant tout pour l'installation des sonneries électriques fixer son choix sur une pile convenable pour l'emploi auquel elle est destinée ; deux piles me paraissent préférables à toutes : la première est la pile Daniell à ballons, qui, par sa constance, sa longue durée d'action, et son absence totale d'odeur, paraît en tous points très convenable, surtout dans une grande installation où l'on n'est pas gêné pour la place, on emploie généralement de 6 à 12 éléments réunis en batterie. Chaque élément ainsi que le représente la fig. 18 , page 7 , se compose d'une conserve en verre ou en grès, d'un zinc de forme cylindrique auquel est rivée une lame de cuivre, d'un vase en terre poreuse et d'un ballon en verre. Pour réunir ces éléments en batterie, il suffit de faire plonger la lame de cuivre rivée au zinc du premier élément dans le vase poreux du second, la lame du second zinc dans le vase poreux du troisième, et ainsi de suite pour les autres. Le pôle cuivre est une lame de cuivre plongeant dans le vase poreux du 1er élément, le pôle zinc se prend sur la lame du cuivre du dernier zinc. Ainsi montée pour mettre sa pile en action, on remplira le ballon au 3/4 de sulfate de cuivre concassé, (1) on y ajoutera de l'eau pure et on bouchera avec un bouchon percé de manière que le goulot du ballon plongeant

(1) Pour qu'une pile soit de longue durée, avoir soin de n'employer que des sulfates de cuivre de première qualité

dans le vase poreux, et la dissolution cuivrée étant plus lourde que l'eau ordinaire, elle sature toujours la dissolution du vase poreux à mesure que celle-ci s'affaiblit sous l'influence du courant électrique. On mettra de l'eau pure dans la conserve de verre, ou si l'on veut que la pile fonctionne de suite, de l'eau salée ou légèrement acidulée d'acide sulfurique.

La seconde est la pile spéciale représentée fig. 65 , page 29. Cette pile, quoique moins constante que la pile à bailon, en a grandement assez pour la pose des sonneries électriques ; son grand avantage dans les petites installations est qu'elle tient fort peu de place, la disposition donnée à la boite permet de la suspendre dans une antichambre, voir même une salle à manger, et si on veut la renfermer dans une boite en acajou, on peut la poser sur toute espèce de meubles sans rien déparer, elle est des plus simples à charger, du bi-sulfate de mercure (30 grammes par élément pour le petit modèle, 50 grammes pour le grand) dans le fond du flacon ; le bouchon est disposé de manière à recevoir une plaque de charbon représentant le pôle cuivre et une lame de zinc : il suffit pour la mettre en action de remplir le flacon d'eau pure. (1)

Fils conducteurs

Les fils employés à la pose des sonneries doivent être en cuivre rouge et isolés, aussi bien que possible, le long des murs dans l'intérieur des appartements, on peut employer des fils goudronnés (page 2 n° 10); dans l'épaisseur des murs il faut avoir soin, afin d'éviter l'humidité des plâtres, de faire passer ces fils dans des tubes de caoutchouc ou de gutta-percha, le long des murs extérieurs il ne faut se servir que des fils recouverts de gutta-percha ou de caoutchouc (page 2 n° 9). Lorsqu'on veut faire une jonction, il faut avoir soin de dépouiller à l'endroit où doit se faire cette jonction le fil de cuivre de son enveloppe, et de le bien nettoyer, afin que le contact des deux fils soit aussi parfait que possible, une fois la jonction ter-

---

(1) La pile est toujours expédiée garnie de bi-sulfaté, il n'y a plus que l'eau à y ajouter pour la faire fonctionner.

minée on la recouvre de gutta-percha en feuille (page **4** n° **16**), que l'on tourne autour et que l'on chauffe légèrement pour la rendre adhérente au cuivre.

Les fils de distance en distance doivent être soutenus par des isolateurs en os ou en buis (fig. **4**, page **5**), et dans les angles par des crochets en fer émaillé (fig. **5**, page **5**).

On ne saurait se passer de tous ces soins afin d'éviter toute déperdition d'électricité.

Transmetteurs

Cet appareil, ainsi que l'indique son nom, est destiné à transmettre l'électricité dans les récepteurs; ces transmetteurs sont le plus souvent des boutons, quelquefois des tirages, des pédales de parquet qui servent dans les salles à manger à sonner au moyen du pied, des coulisseaux de porte-cochère et des contacts de porte; ces derniers peuvent s'adapter aux portes, aux coffres-forts, ils font marcher une sonnerie, chaque fois que la porte s'ouvre, si on désire que cet appareil ne fonctionne que la nuit on le peut au moyen d'un interrupteur qui interrompt le courant électrique pendant le jour.

Récepteurs

Le récepteur employé le plus souvent est la sonnerie, en ce qu'elle peut se poser seule; dans les installations un peu plus importantes elle accompagne le tableau indicateur, qui par des indications diverses, ou des numéros, sert à désigner l'objet ou la personne demandée, le tableau indicateur est indispensable dans les hôtels, il indique de suite le numéro de la chambre qui a appelé.

Au moyen de signes conventionnels la sonnerie électrique peut devenir un véritable télégraphe domestique, en employant l'alphabet Morse, aujourd'hui en usage sur toutes nos lignes télégraphiques, et qui consiste en points et barres que l'on peut reproduire par coups secs ou des roulements prolongés, on arrivera à ce résultat. Ci-après cet alphabet.

ALPHABET MORSE.

A	·—	Y	—·——
B	—···	Z	——··
C	—·—·	Ä	·—·—
D	—··	Ê	·—··
E	·	Ö	———·
F	··—·	Ü	··——
G	——·	CH.	————
H	····		Point
I	··		·· ·· ··
J	·———		Virgule
K	—·—		—·—·—·
L	·—··		Point & Virgule
M	——		—·—·—·
N	—·		2 points
O	———		———···
P	·——·		Point d'interrogation ou repetez
Q	——·—		··——··
R	·—·		Point d'exclamation
S	···		————
T	—	1	·————
U	··—	2	··———
V	···—	3	···——
W	·——	4	····—
X	—··—	5	·····
		6	—····
		7	——···
		8	———··
		9	————·
		0	—————

Afin d'initier à la pose les personnes qui n'auraient jamais placé de sonneries électriques, je donne plus loin quelques plans détaillés sur la manière de les poser.

Plan de pose n° 1.

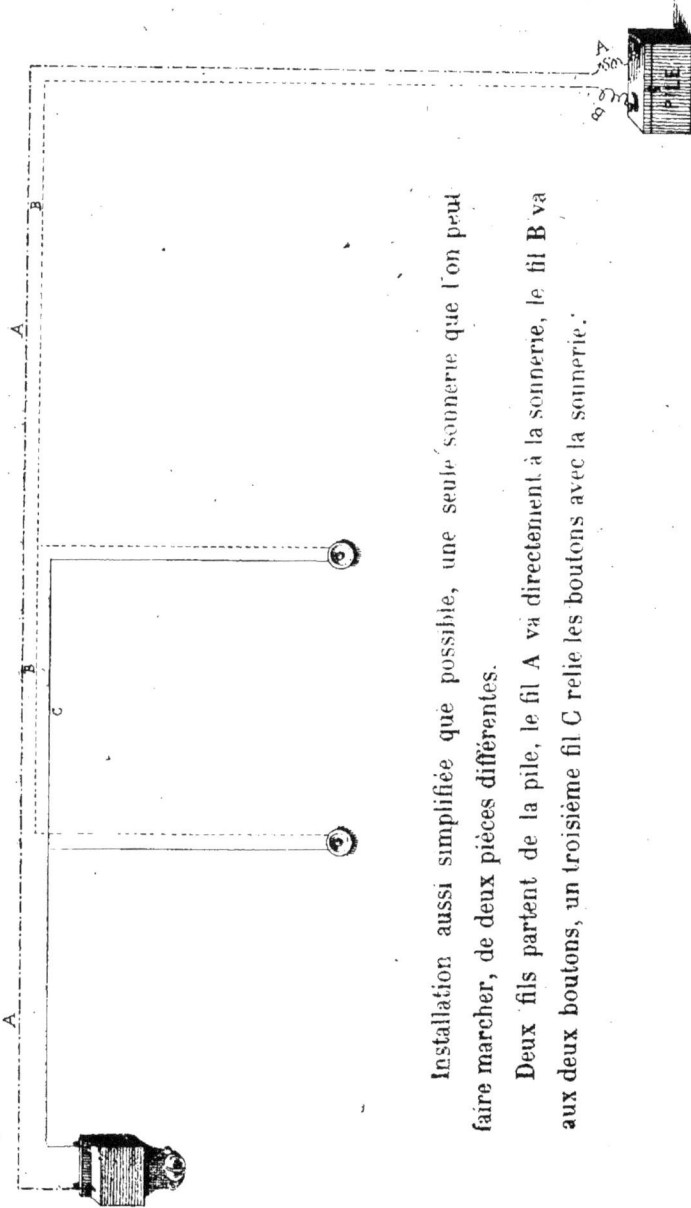

Installation aussi simplifiée que possible, une seule sonnerie que l'on peut faire marcher, de deux pièces différentes.

Deux fils partent de la pile, le fil A va directement à la sonnerie, le fil B va aux deux boutons, un troisième fil C relie les boutons avec la sonnerie.

Plan de pose n° 2.

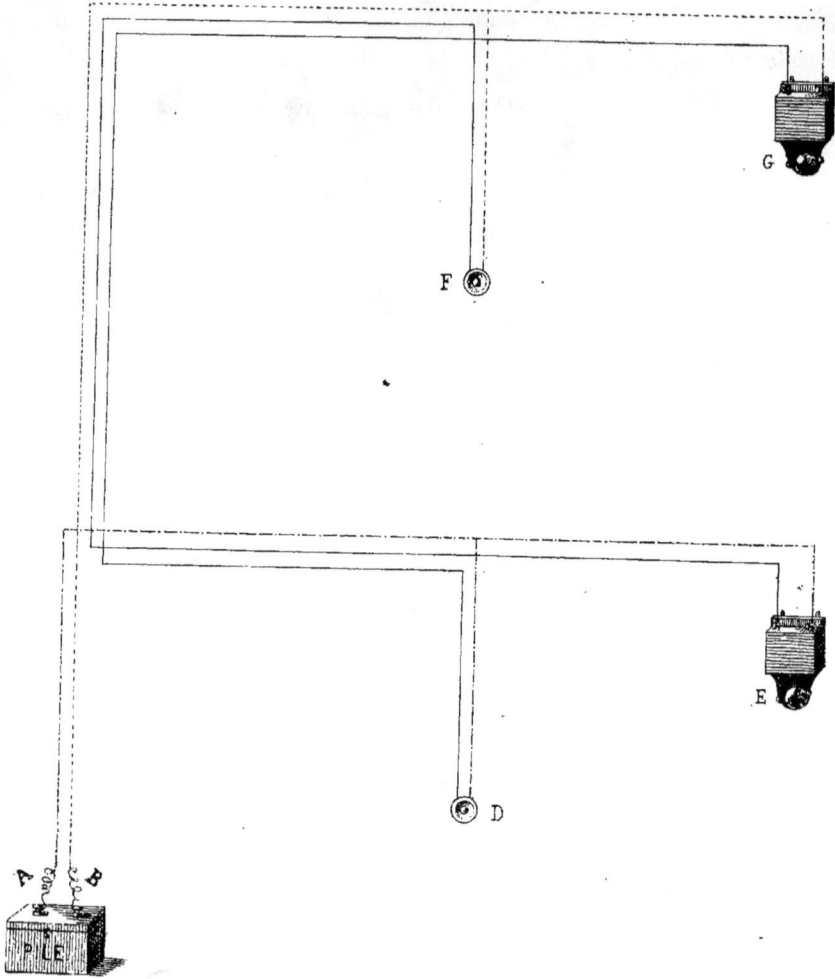

Installation arrangée de manière à pouvoir du premier étage sonner au deuxième, et du deuxième sonner au premier.

Le fil de pile A se distribue dans la sonnerie E et le bouton D, un fil de jonction part du bouton D pour aller à la sonnerie G, l'autre fil de pile B se distribue dans la sonnerie G et le bouton F, duquel part un fil de jonction allant à la sonnerie E.

Plan de pose nᵒ 3, avec tableau

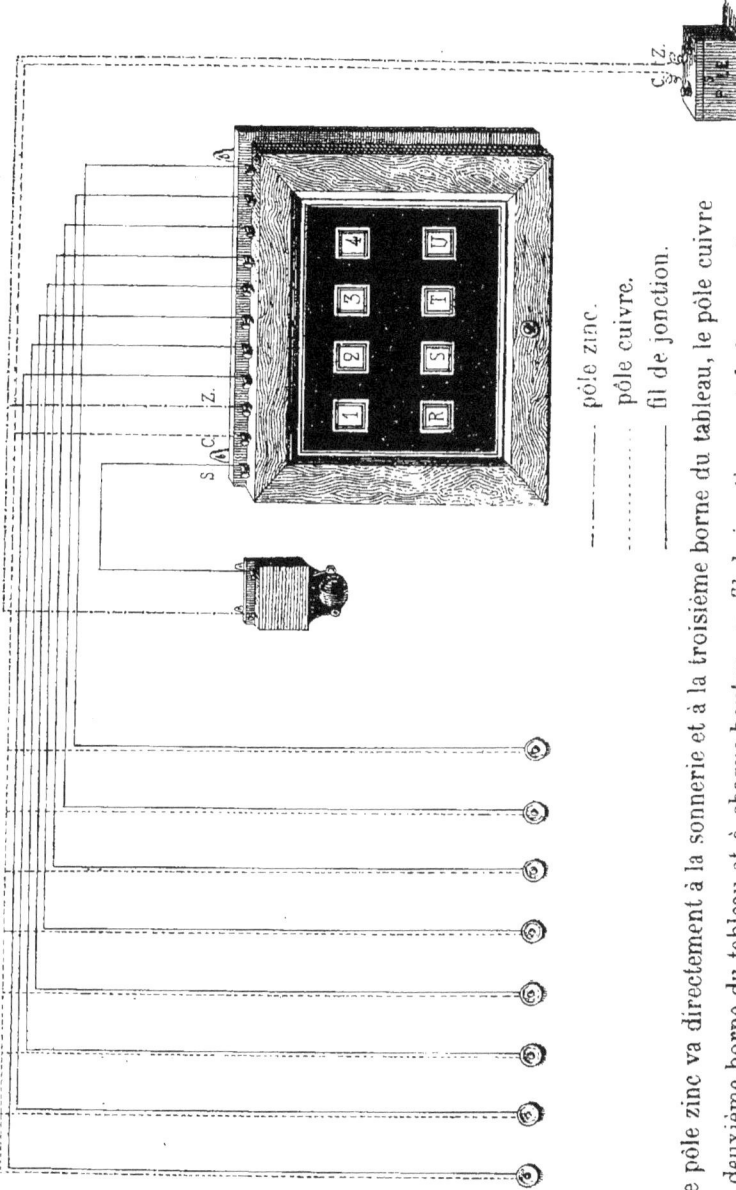

— pôle zinc.

.... pôle cuivre.

———— fil de jonction.

Le pôle zinc va directement à la sonnerie et à la troisième borne du tableau, le pôle cuivre va à la deuxième borne du tableau et à chaque bouton, un fil de jonction part de la sonnerie et va à la première borne du tableau, un autre fil de jonction part de chaque bouton et va au tableau à la borne qui lui est appropriée.

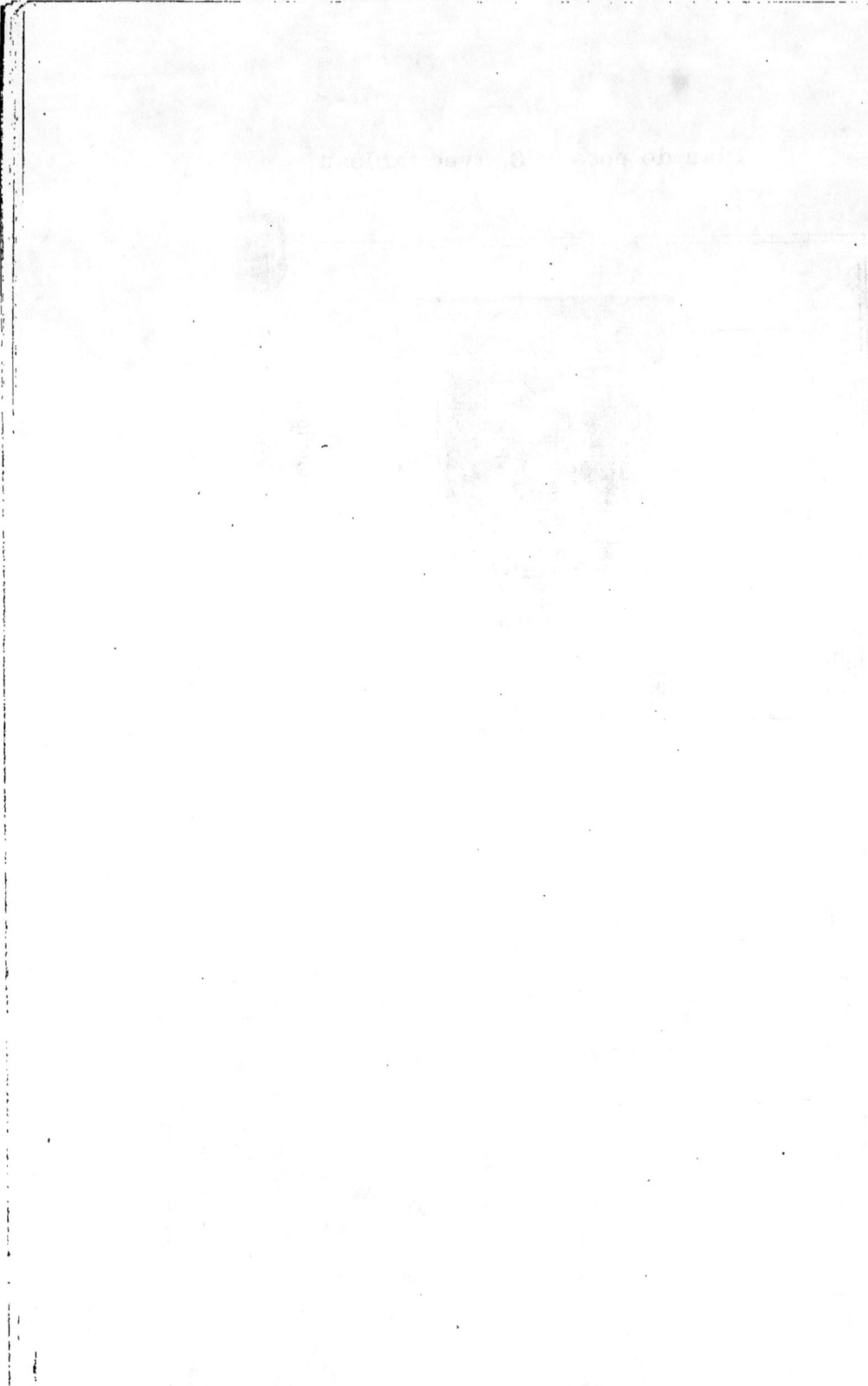

4me PARTIE

HORLOGERIE
TÉLÉGRAPHIE ÉLECTRIQUE

HORLOGERIE ÉLECTRIQUE.

Fig. 66

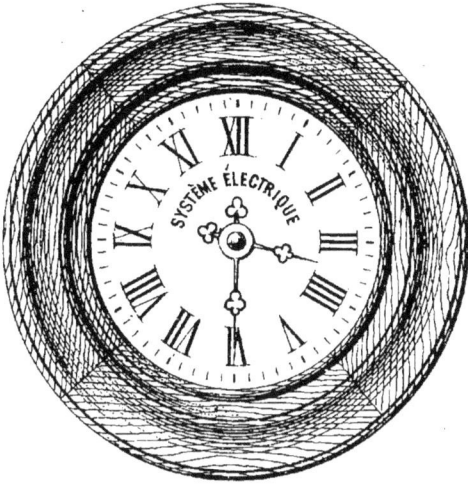

Nº 157   Cadran récepteur de 25%ₘ.

Avec encadrement en chêne verni, acajou ou bois des îles, depuis. 80. »

Nº 158   Pendule type forme borne

Imitation marbre noir et servant de régulateur................ 120 »

N. B. — Avec un seul régulateur on fait fonctionner à toutes distances autant de récepteurs que l'on voudra, et avoir la même heure partout.

APPAREILS TÉLÉGRAPHIQUES

fig. 67.

N°189. Petits-Postes Télégraphiques

Pour maisons particulières

avec son manipulateur et sa sonnerie,

Les deux postes pour demandes et réponses   120. »

Fig. 68.

N°160. Postes Télégraphiques à mouvement d'horlogerie

Composés : de un manipulateur, un récepteur, une sonnerie et un galvanomètre, le tout installé sur planche et prêt à fonctionner, les deux postes complets, pour demandes et réponses.................. 300. »

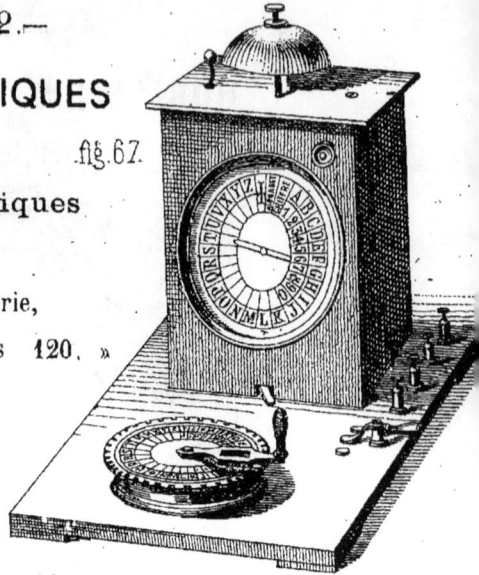

Fig 69.

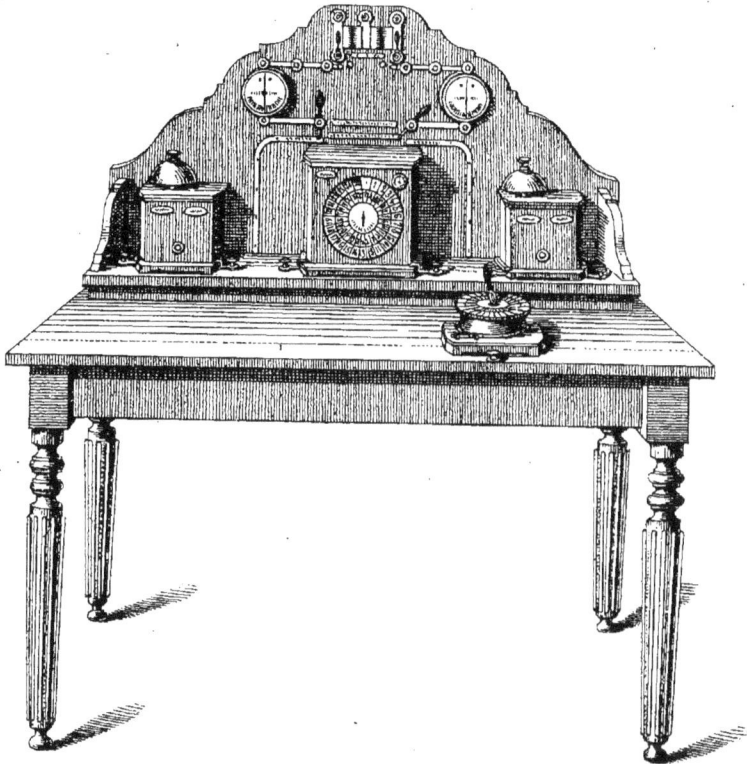

N.º 101 **Poste d'Administration à double direction**

Ces postes sont composés de : un récepteur à mouvement d'horloge-rie, un manipulateur, deux sonneries trembleuses à grande distance, deux galvanomètres verticaux, un paratonnerre, des manettes pour changer les directions, le tout monté sur une table en chêne poli.

Prix des deux postes complets pour demandes et réponses...... 1000. »

Télégraphe écrivant

fig. 70.

fig. 70.

Nº162 Système Morse avec son manipulateur, petit modèle. (Fig 70)...... 150. »

.163 Grand modèle d'administration............................. 500. »

,164 Un rouleau de papier pour lesdits .... ».50

,165 Un rouet pour enrouler la dépêche.......................... 25. »

Nº166 Télégraphe imprimant la dépêche en caractères usuels.

Avec sonnerie et manipulateurs, le poste complet monté sur table chêne poli.. 1000. »

Nº167 Boussole des Sinus

Pour les postes ci-dessus, permettant à l'opérateur de voir instantané-ment si l'intensité du courant a changé..................... 50. »

Nº168 Paratonnerres pour postes télégraphiques

Depuis.. 15. »

N°169   Galvanomètres

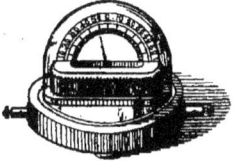

Cet appareil sert à démontrer la force du courant des piles, depuis......... 15 francs.

fig. 71.

N°170   Sonneries trembleuses

A grande distance faisant paraître le mot répondez............. 40. »

N°171 **Manipulateur** seul pour Télégraphes à lettres........... 70. »

172 **Récepteur à cadran**...... .... 125.

Il faut en moyenne 15 poteaux par kilomètre, car en ligne droite on peut les espacer de 100 mètres en 100 mètres, en ligne courbe de 50 en 50 mètres, ce qui fait bien la moyenne de 14 à 15 poteaux par kilomètre; si la ligne a un seul fil, il faut par kilomètre, savoir : 100 kilogrammes de fil 4$\frac{m}{m}$, ou 60 kilogrammes de fil 3$\frac{m}{m}$, 14 cloches de suspension petit modèle, 1 tendeur.

TABLE DES MATIÈRES

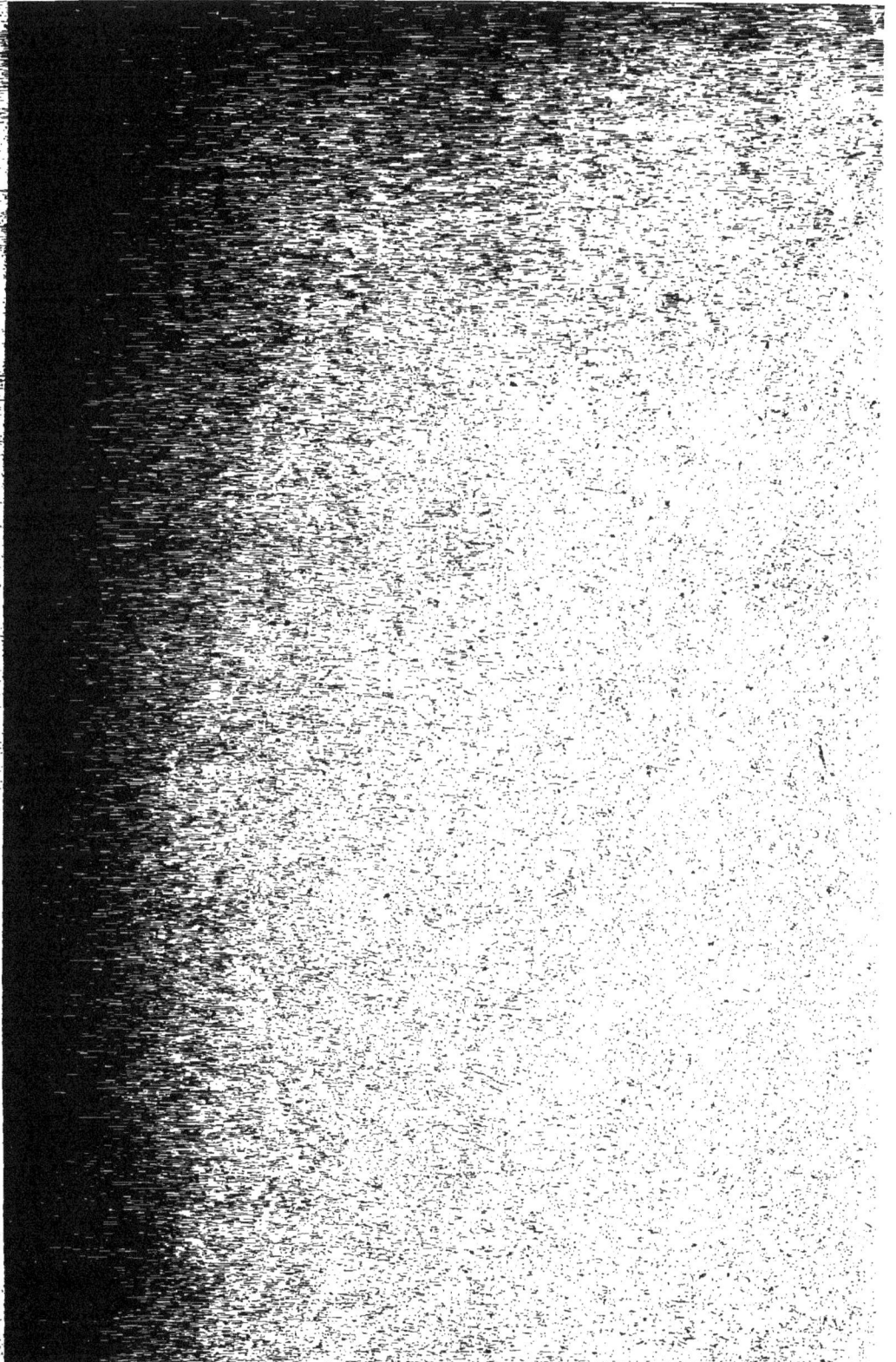

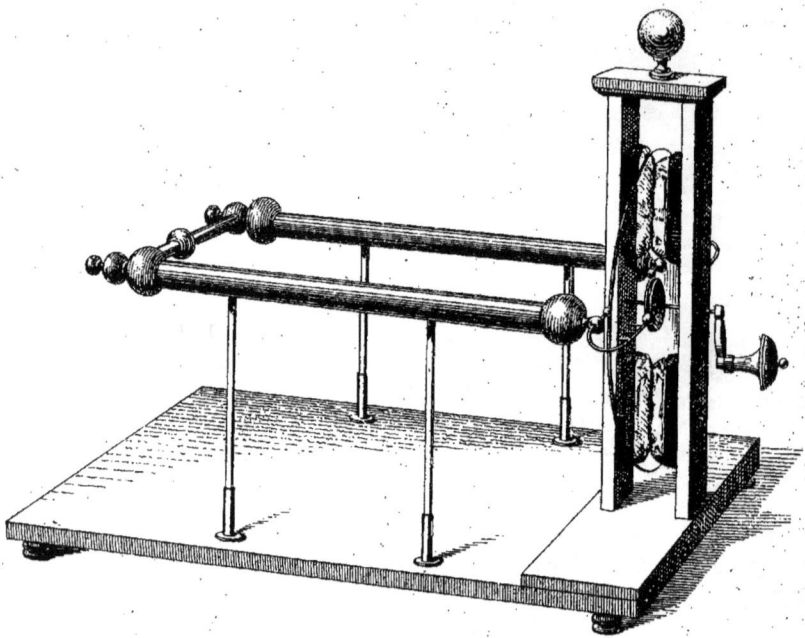

www.ingramcontent.com/pod-product-compliance
Lightning Source LLC
Chambersburg PA
CBHW050531210326
41520CB00012B/2533